BEI GRIN MACHT SICH IHR
WISSEN BEZAHLT

AF150907

- Wir veröffentlichen Ihre Hausarbeit,
  Bachelor- und Masterarbeit

- Ihr eigenes eBook und Buch -
  weltweit in allen wichtigen Shops

- Verdienen Sie an jedem Verkauf

Jetzt bei www.GRIN.com hochladen
und kostenlos publizieren

Bibliografische Information der Deutschen Nationalbibliothek:

Die Deutsche Bibliothek verzeichnet diese Publikation in der Deutschen National-
bibliografie; detaillierte bibliografische Daten sind im Internet über http://dnb.d-
nb.de/ abrufbar.

Impressum:

Copyright © 2008 GRIN Verlag, Open Publishing GmbH
Druck und Bindung: Books on Demand GmbH, Norderstedt Germany
ISBN: 9783640616480

Dieses Buch bei GRIN:

http://www.grin.com/de/e-book/150429/versuchsprotokoll-aus-einem-pflanzenphy-
siologischen-praktikum-atmung

Christoph Böhm

Versuchsprotokoll aus einem pflanzenphysiologischen Praktikum: Atmung

GRIN Verlag

GRIN - Your knowledge has value

Der GRIN Verlag publiziert seit 1998 wissenschaftliche Arbeiten von Studenten, Hochschullehrern und anderen Akademikern als eBook und gedrucktes Buch. Die Verlagswebsite www.grin.com ist die ideale Plattform zur Veröffentlichung von Hausarbeiten, Abschlussarbeiten, wissenschaftlichen Aufsätzen, Dissertationen und Fachbüchern.

Besuchen Sie uns im Internet:

http://www.grin.com/

http://www.facebook.com/grincom

http://www.twitter.com/grin_com

Johannes Gutenberg-Universität Mainz

Biologisches Institut

Pflanzenphysiologische Übungen

Protokollant: Christoph Böhm

GUTENBERG UNIVERSITÄT

Versuchsprotokoll
Versuch V2 „Atmung"

1. Einleitung

Da Pflanzen nach der Keimung zunächst ihren Photosyntheseapparat aufbauen müssen, sind sie zwangsläufig gezwungen, zunächst ihren Stoffwechsel durch Dissimilation aufzubauen bzw. aufrecht zu erhalten. Der Keimling ist dazu mit einem Nährstoffspeicher in Form von Stärke, Fetten/Ölen und Proteinen ausgestattet. Die einzelnen Anteile können von Art zu Art stark schwanken. Auch später nach der Keimung während des ganzen Pflanzenlebens deckt die Pflanze einen Teil ihres Energiebedarfs durch aerobe Atmung, auch wenn sie die Energiestoffe als autotropher Organismus hierfür selbst herstellt.

In der ersten Versuchsreihe soll die Atmung von keimenden Erbsen quantitativ festgestellt werden. Das von den Keimlingen gebildete CO_2 wird hierbei durch Laugen in Form von Karbonaten gebunden und durch Titration quantitativ gemessen.

Im zweiten Versuch versuchen wir mit Hilfe von gequollen Erbsen die CO_2 Abgabe und die O_2 Aufnahme zu ermitteln.

Im dritten Teil versuchen die Atmungskette der aeroben Atumung zu demonstrieren um dann im letzten Versuchsteil die Gärung zu untersuchen. Hier soll im zweiten Teilversuch die Gärungsumleitung Thema sein.

2. Durchführung

V 2a Quantitative Bestimmung der Atmung

1. Material und Methode

Es wurde folgende Apparatur aufgebaut:

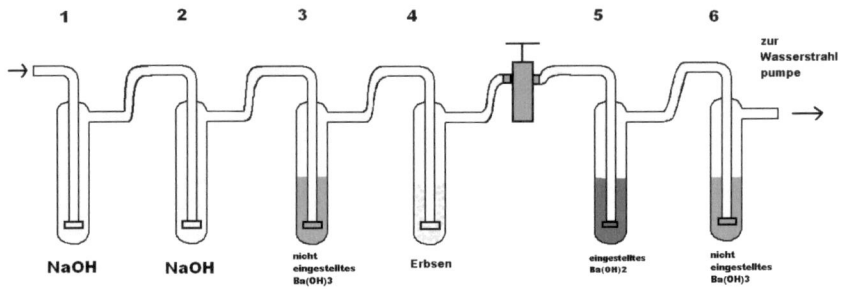

Die Waschflaschen wurden wie in der Abbildung befüllt. Bei den gequollenen oder eben erst gekeimten Erbsen handelte es sich genau um hundert Stück. In der wichtigsten Waschflasche Nr.5 befanden sich 175ml einer frisch hergestellten $Ba(OH)_2$-Lösung. Aus dem Ansatz wurden 75ml zurück behalten als Vergleich für später. Hierbei war mit allergrößter Vorsicht darauf zu achten, die Lösung so wenig wie möglich der Luft auszusetzten d.h. direkt zu verschließen, nicht schütteln, möglichst wenig umfüllen etc., da sonst das Ergebnis drastisch verändert werden kann!

Nachdem der Aufbau CO_2 frei war, wurde die eingestellte Bariumhydroxidlösung zwischengeschaltet und die Apparatur 60min laufen gelassen. Danach wurden durch Titration mit 0,1M HCl die Karbonatkonzentrationen der Atmungslösung und der Vergleichsprobe bestimmt.

Die Karbonatkonzentration entspricht dann der absorbierten CO_2 Menge.

2. Ergebnisse

Die Titrationen der Bariumhydroxidlösungen mit 0,1N HCl ergaben folgende Werte:

1. Blindtitration: 13ml
2. Blindtitration: 28ml

1. Atmungstitration: 23,3ml

2. Atmungstitration: 23,3ml

Da der erste Wert der Blindtitration enorm schlecht ausgefallen war, haben wir ihn in unserer Rechnung entfernt und den 2. Wert der Blindtitration als Mittelwert angenommen, auch wenn wir von vornherein davon ausgehen mussten, dass das Ergebnis dadurch stark verfälscht wird.

Damit betrug der Minderverbrauch an 0,1N HCl 4,7ml. Darau ergab sich, das unsere 100 Erbsen eine Menge von 72,38mg CO_2 während der einen Stunde abgegeben haben. Eine Erbse hat also 0,7238mg CO_2 abgegeben.

3. Auswertung / Diskussion

Wenn man den ersten Blindtitrationswert vernachlässigt sind die Ergebnisse realistisch. Der erste Wert entstand durch ein Missverständnis am Labortisch, welches durch die Versuchsanleitung begünstigt wurde. Anstatt die Titrationsbürette mit der 0,1M HCl Lösung zu spülen, verwendeten wir eine am Labortisch vorhandene „HCl Spüllösung" unbekannter Konzentration. Diese ist eigentlich zum reinigen der Waschflaschen gedacht. Nach den Ergebnissen zu Urteilen war diese recht hoch konzentriert, da der erste Wert mit 13ml sehr gering ausfiehl. Dies stellte eindeutig einen Fehler unsererseits dar, der jedoch durch bessere Beschriftung bzw. einen kleinen Hinweis hätte vermieden werden können (zwei andere Versuchsgruppen begingen den gleichen Fehler).

Verglichen zu den Werten im Skript, in welchem ein Wert von 0.55mg CO_2 pro Stunde und pro Erbse angegeben ist, ist unser Wert von 0,72mg CO_2 pro Erbse und Stunde etwas höher. Wir können vermuten, dass unsere Erbsen besonders aktiv waren. Sie befanden sich auch bereits in einem verhältnismäßig weiten Entwicklungsstadium, bei dem die Primärwurzel bereits zu sehen war. Vielleicht ist an diesem Punkt die Atmung des Keimlings besonders aktiv.

Diese Werte sind allerdings nicht als absolut zu sehen, da sie viele Fehlerquellen umfassen. Abgesehen davon dass jede Erbse gewisse Unregelmäßigkeiten in Größe, Gewicht und Aktivität zeigt gibt es noch diverse weitere Fehlerquellen. Das Ansetzen und Hantieren mit dem Bariumhydroxid erscheint uns nicht sehr genau, da die

Lösung bereits vor dem Titrieren geringe Mengen an CO_2 aufnehmen kann. An dieser Stelle gilt es so sauber und schnell wie möglich zu arbeiten. Auch der Abwiegevorgang, sowie das Abmessen der Lösungen beinhaltet eine Fehlerquelle, die eine gewisse Ungenauigkeit schafft. Um präzisere Ergebnisse zu erzielen müsste man vielleicht eine genauere Versuchsmethode entwickeln, die die CO_2 auf anderem Wege automatisch misst.

Ein noch genaueres und repräsentativeres Ergebnis könnte man erreichen, wenn man die Stichprobe vergrößert und die Versuchsbedingungen wie Temperatur etc. standardisiert. Diese Ergebnisse ließen sich dann miteinander vergleichen.

V 2b Sauerstoffverbrauch bei der aeroben Atmung

1. Material und Methode

Zunächst wurden 50 g gequollene Erbsen in einen Erlenmeyerkolben gefüllt. Auf die Erbsen wurde dann ein Schälchen mit 10ml 20%iger NaOH, in die ein Faltenfilter getaucht wurde, gestellt. Nach 5 Minuten wurde der Kolben mit dem Stopfen an die Apparatur angeschlossen und so mit dem mit Eosin gefüllten Glasrohr verbunden. Der Füllstand der Eosinlösung wurde 30 Minuten lang beobachtet.

2. Ergebnisse

Sofort nach dem Schließen des Hahns konnte man eine Zunahme der Füllhöhe des Eosins erkennen.

Tab.: 1

Zeit in min.	5	7	12	15	18	21	24	26	28	30
Füllhöhe in cm	1	2	2,5	3	4	5	5,5	6	7	7,5

Die Höhendifferenz des Füllstandes der Eosinlösung zwischen dem Beginn und dem Ende des Versuchs beträgt 7,5 cm.

3.Auswertung / Diskussion

Bei der aeroben Atmung wird Sauerstoff aus der Umgebung aufgenommen und Kohlendioxid an diese abgegeben. In diesem Versuch wurde das von den Erbsen ausgeschiedene Kohlendioxid von der Natronlauge gebunden: $2 \text{ NaOH} + CO_2 \rightarrow$

Na_2CO_3 + H_2O. Aufgrund des Sauerstoffverbrauchs und der Reaktion des Kohlendioxids mit der Natronlauge hat das Gasvolumen in dem Erlenmeyerkolben immer mehr abgenommen. Da der Erlenmeyerkolben fest verschlossen war, konnte auch keine Luft aus der Umgebung in den Kolben nachströmen. Infolgedessen ist im Kolben ein Unterdruck entstanden. Dies ist der Grund dafür, dass die Füllhöhe der Eosinlösung in Richtung des Kolbens stetig angestiegen ist.

V 2c Modell der Atmungskette

1. Material und Methode

Als erstes wurden in 30 ml Aqua dest. 600 mg Natriumacetat x 3 H_2O, 75 mg Cystein und 75 mg $FeSO_4$ x 2 H_2O gelöst. Das Gläschen wurde so lange geschüttelt, bis die Lösung eine blauviolette Farbe angenommen hatte. Dann wurde die Lösung im verschlossen Gläschen stehengelassen, bis sie farblos war, und anschließend wieder geschüttelt. Dieser Vorgang wurde insgesamt fünf mal durchgeführt. Danach wurde das Gläschen an einem Stativ befestigt und mit einer Tropfpipette, die in Eosinlösung eingetaucht wurde, verbunden

2. Ergebnisse

Bei allen fünf Durchgängen hatte sich die blauviolette Lösung ca. eine Minute nach dem Schütteln entfärbt. Nach erneutem Schütteln war die Lösung direkt wieder dunkelblau.

Nachdem das Gläschen mit der Tropfpipette verbunden und der Hahn zu dieser geöffnet worden war, ist die Eosinlösung unmittelbar ca. 1,5 cm in der Tropfpipette aufgestiegen.

3. Auswertung / Diskussion

Dieser Versuch dient zur Demonstration der Atmungskette der aeroben Atmung, bei der Elektronen durch eine Reihe hintereinandergeschalteter Redoxsysteme auf Sauerstoff übertragen werden, der mit 2 H^+–Ionen aus der Umgebung und mit zwei Elektronen zu H_2O reagiert. Während bei der Atmungskette sowohl NADH+H^+ als auch $FADH_2$ als Wasserstoffdonatoren fungieren, werden in unserem Versuch die Wasserstoffionen durch die Aminosäure Cystein geliefert. Die Atmungskette besteht insgesamt aus vier Komplexen. Sie wird gestartet, indem NADH+H^+ seine Elektronen an ein Flavoprotein abgibt, das als prosthetische Gruppe ein Flavin-Mononucleotid trägt, welche dadurch reduziert wird. Im nächsten Schritt reduziert nun das FMN ein Eisen-Schwefel-Protein und wird dadurch selbst oxidiert. $FADH_2$ wird erst im 2.Komplex auf einer niedrigeren Energiestufe als das $NADH+H^+$ in die Atmungskette eingeschleust und gibt seine Elektronen an Ubichinon ab. In unserem Versuch gibt die Aminosäure Cystein Elektronen und H^+-Ionen an das Redoxsystem $Fe^{3+}<=>Fe^{2+}$ ab und wird dabei selbst zu Cystin oxidiert. Die blauviolette Farbe in unserem Versuch wurde durch den von Cystein mit Fe^{3+} gebildeten Komplex hervorgerufen, wohingegen die farblose Lösung auf einen Komplex von Cystein mit Fe^{2+} zurückzuführen ist. Ähnlich wie in der Atmungskette geben jeweils 2 Fe^{2+} je ein Elektron an $\frac{1}{2}$ O_2 ab, der mit zwei Protonen aus der Umgebung zu H_2O reagiert. In unserem Versuch liefen diese Vorgänge solange ab, bis der Sauerstoff verbraucht war. Die Lösung war dann aufgrund des Komplexes von Cystein mit Fe^{2+} farblos. Wird der Lösung durch Schütteln des Gläschens Sauerstoff zugeführt, wird die „Atmungskette" wieder in Gang gesetzt. Die Lösung wird dann wieder blauviolett, weil der Komplex von Cystein mit Fe^{3+} wieder gebildet wird. Den Vorgang kann man so lange wiederholen, bis das ganze Cystein zu Cystin oxidiert bzw. der ganze Sauerstoff verbraucht ist.

Da bei jedem Schütteln Sauerstoff verbraucht wird (und zu Wasser umgesetzt wird), nimmt das Gasvolumen in dem Gläschen immer mehr ab, wodurch ein Unterdruck entsteht. Die Verringerung des Volumens und somit der Unterdruck werden dadurch deutlich, dass in der Tropfpipette die Eosinlösung eingesaugt wird.

V 2d Alkoholische Gärung

1. Material und Methode

1. Vergärbarkeit verschiedener Zucker durch Saccharomyces cerevisiae

Wir stellten 10% Fructose-, Glucose-, Rohrzucker-, und Milchzukerlösungen her und gaben je 5ml Hefesuspension dazu. Anschließend füllten wir jeweils 15ml in Gärröhrchen und stellten diese für kurze Zeit bei 30°C in den Brutschrank.

2. Gärungsumleitung

Wir stellten 10% Rohrzuckerlösung her und verteilten diese auf zwei Erlenmeyerkolben. In den einen gaben wir zusätzlich 100mg Natriumsulfit. Beiden wurde anschließend 5g Hefe zugegeben und für 60min in den Brutschrank (30°C) gestellt. Aus den Erlenmeyerkolben wurde nun je 5ml in Reagenzgläser pipetiert und je 1ml 5%iges Piperidin und 0,5ml 5%iges Nitroprussidnatrium hinzugegeben.

2. Ergebnisse

1. Vergärbarkeit verschiedener Zucker durch Saccharomyces cerevisiae

Bei allen Zuckerlösungen bis auf die Lactose wurde CO_2 gebildet und die Suspension nach unten im Gärröhrchen verdrängt.

2. Gärungsumleitung

Nach der Zugaben des Nitroprussidnatrium verfärbte sich die Lösung mit dem Natriumsulfit Blau-Violett. Die Lösung ohne das Natriumsulfit dagegen rötlich bis rosa.

3. Auswertung / Diskussion

1. Vergärbarkeit verschiedener Zucker durch Saccharomyces cerevisiae

Die Mikroorganismen der Stämme der Bäckerhefe (Saccharomyces) besitzen keine Lactase, die eine Spaltung der Lactose (Milchzucker) in D-Galactose und D-Glucose bewirkt. Daher konnte hier die Glycolyse nicht ablaufen und demnach kein CO_2 gebildet werden (SKRIPT).

2. Gärungsumleitung

Die Lösungen begannen beide mit der Gärung des Rohrzuckers. Bei der Lösung mit Natriumsulfit fing dieses jedoch das Acetaldehyd, das als Wasserstoffakzeptor in der alkoholischen Gärung dient, ab. Durch das Nitroprussidnatrium konnte dieses dann sichtbar gemacht werden, da es einen Komplex eingehen und eine blaue Färbung zur Folge hatte. Bei dem Vergleichskolben ohne Natriumsulfit war dagegen keine Blaufärbung zu erkennen. Die Gleichung für diese Komplexbildung lautet:

$$CH_3CHO + Na^+ + SO_3^{2-} + H_2O \rightarrow (CH_3CH_2O\text{-}SO_3)^- + Na^+ + OH^-$$

3. Literaturverzeichnis

CAMPBELL, N.A. (^{6}2003): Biologie. Berlin.

HESS, D.(^{9}1991): Pflanzenphysiologie.

MUNK, K. (2001): Grundstudium Biologie: Botanik. Heidelberg und Berlin.

NULTSCH, W. (^{11}2001): Allgemeine Botanik, Stuttgart.

OREAR, J. (1979): Physik. München.

VOLLMER, W. et al (^{2}1995): Natura. Stuttgart.